# 暴脾气的独角仙

温会会 编  曾平 绘

浙江摄影出版社

这一天，灿烂的阳光洒满大地。

在不起眼的皂角树上，有一只甲壳虫在爬行。他躲在树叶的后面，似乎在跟人们玩捉迷藏呢！

2

这是一只威武的雄性独角仙。

它的头上竖着一个显眼的犄角，身上长着六条腿。

5

独角仙在树枝上仔细地寻找食物。

很快，它发现了树枝的"伤口"，高兴地爬过去，尽情地吸食汁液。

真美味呀!

　　独角仙悠闲地从树枝上爬下来，在草丛里散步。

　　突然，几个熟透的小果子映入眼帘。正当独角仙要开始饱餐一顿时，一只黑乎乎的锹甲出现了。

　　作为甲壳虫家族的一员，锹甲和独角仙长得颇为相似。不过，锹甲头上的"武器"不是犄角，而是一对大钳子！看到锹甲想霸占小果子，独角仙气呼呼地冲了过去。

　　一时间，两只甲壳虫你争我抢，互不相让！

看！锹甲想用大钳子夹住独角仙的犄角。

没想到，独角仙先下手为强，用强有力的犄角，迅速地掀起锹甲的躯体，并使劲地甩了出去。

就这样，锹甲被独角仙打败了，四脚朝天地躺在草地上。

独角仙得到了小果子。

这时，不远处的落叶底下，出现了一只雌性的独角仙。

相比雄性，雌性独角仙的体形比较小，头上没有犄角。

　　见到异性，雄性独角仙心里非常高兴，想过去打个招呼。

　　谁知，半路上冒出了另一只雄性独角仙。

　　为了赢得雌性独角仙的青睐，两只雄性独角仙展开了激烈的决斗！

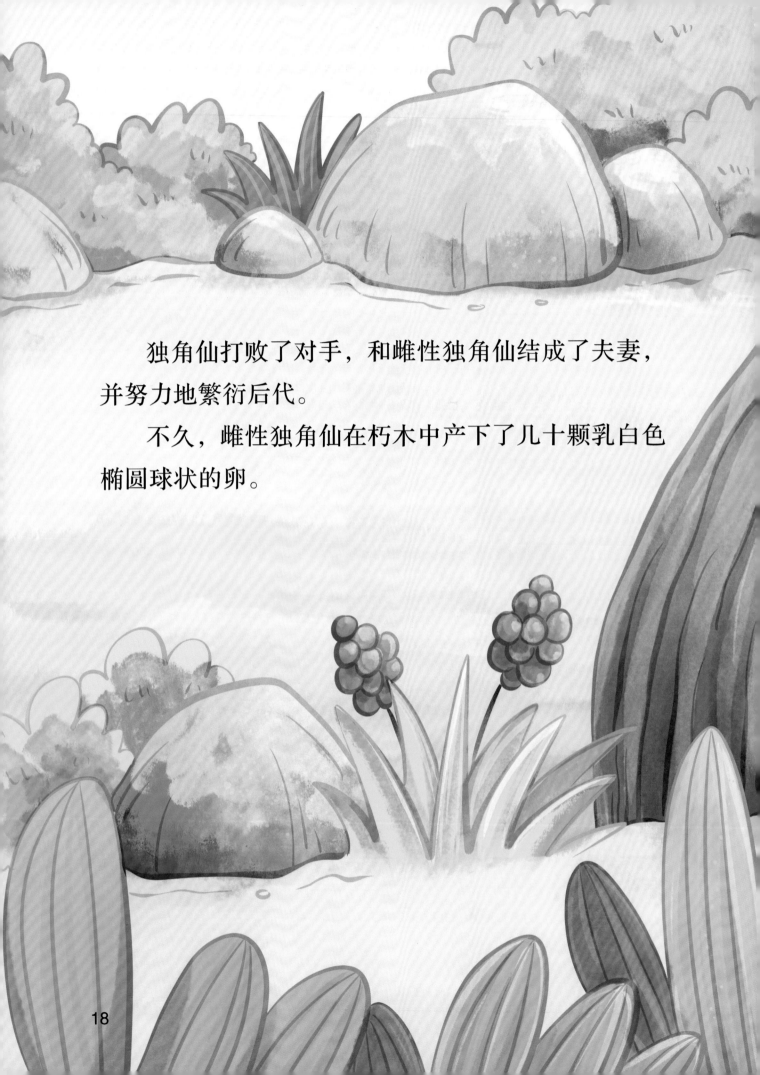

独角仙打败了对手，和雌性独角仙结成了夫妻，并努力地繁衍后代。

不久，雌性独角仙在朽木中产下了几十颗乳白色椭圆球状的卵。

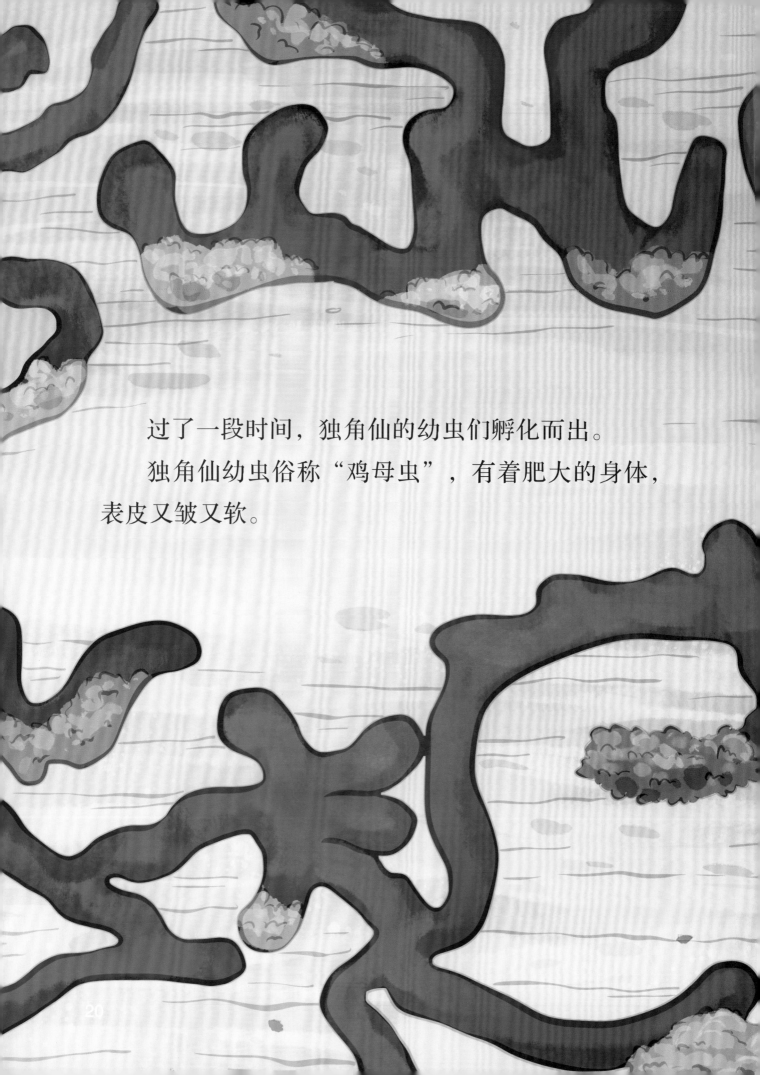

过了一段时间，独角仙的幼虫们孵化而出。

独角仙幼虫俗称"鸡母虫"，有着肥大的身体，表皮又皱又软。

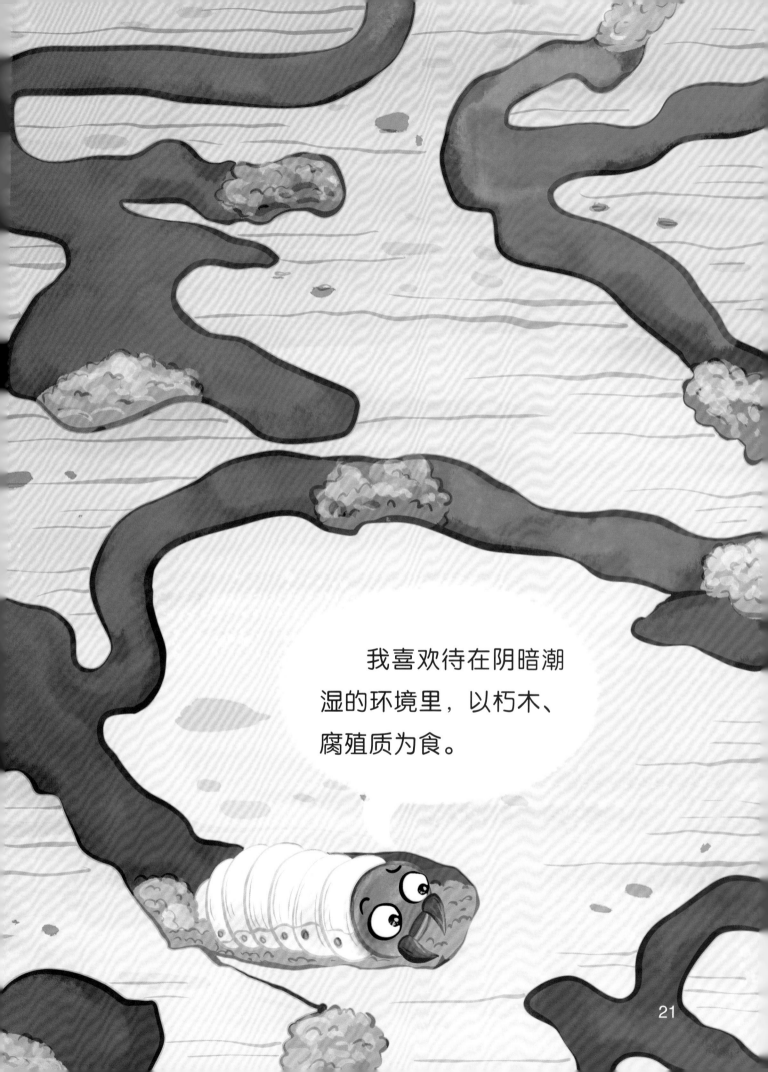

我喜欢待在阴暗潮湿的环境里，以朽木、腐殖质为食。

独角仙幼虫经历了一次次蜕皮，逐渐长大。

在这个过程中，独角仙幼虫的体色会变深。

经过继续发育，幼虫变成了蛹。

终于有一天，独角仙的蛹开始羽化，变成了成虫。

瞧，发育成熟的雄性独角仙有着魁梧的身材，头顶帅气的犄角，鞘翅散发着金属光泽。

独角仙的天敌可不少！乌鸦、刺猬、蝙蝠，都会捕食独角仙。

长大后的独角仙，将会走向大自然，独自应对困难和挑战！

责任编辑　袁升宁
责任校对　王君美
责任印制　汪立峰

项目设计　北视国

图书在版编目（CIP）数据

暴脾气的独角仙 / 温会会编；曾平绘 . -- 杭州 ：
浙江摄影出版社， 2023.2
ISBN 978-7-5514-4361-6

Ⅰ . ①暴… Ⅱ . ①温… ②曾… Ⅲ . ①独角仙科—少
儿读物 Ⅳ . ① Q969.48-49

中国国家版本馆 CIP 数据核字（2023）第 008883 号

BAO PIQI DE DUJIAOXIAN
# 暴脾气的独角仙

温会会 / 编　曾平 / 绘

全国百佳图书出版单位
浙江摄影出版社出版发行
　　　　地址：杭州市体育场路 347 号
　　　　邮编：310006
　　　　电话：0571-85151082
　　　　网址：www.photo.zjcb.com
制版：北京北视国文化传媒有限公司
印刷：唐山富达印务有限公司
开本：889mm×1194mm　1/16
印张：2
2023 年 2 月第 1 版　　2023 年 2 月第 1 次印刷
ISBN 978-7-5514-4361-6
定价：42.80 元